Sitzungsberichte

der

Heidelberger Akademie der Wissenschaften

Stiftung Heinrich Lanz

Mathematisch-naturwissenschaftliche Klasse

*) *Jahrgang 1921 erschien im Verlage von Carl Winters Universitätsbuchhandlung in Heidelberg.*

Im Verlag von Walter de Gruyter & Co. vormals G. J. Göschen'sche Verlagshandlung — J. Guttentag, Verlagsbuchhandlung — Georg Reimer — Karl J. Trübner — Veit & Comp., Berlin erschienen:

Abteilung A. Mathematisch-physikalische Wissenschaften.

Jahrgang 1922.

1. Perron, Oskar. Neue Summationsmethoden und Entwicklungen nach Polynomen. Reichsmark 0·30
2. Perron, Oskar. Über transzendente Funktionen auf Riemannschen Flächen. Reichsmark 0·60
3. Baldus, Richard. Über die singulären Punkte reeller Parameterkurven. Reichsmark 0·50

Jahrgang 1923.

1. Deecke, W. Mitteleuropäische Meeresströmungen der Vorzeit. Reichsmark 0·60
2. Liebmann, Heinrich. Die Lie'sche Cyklide und die Inversionskrümmung. Reichsmark 0·40
3. Perron, Oskar. Über Gleichungen ohne Affekt. Reichsmark 0·40
4. Liebmann, Heinrich. Beiträge zur Inversionsgeometrie III. Reichsmark 0·40
5. Kratzert, J. Beitrag zur Kenntnis des Andesins von Bodenmais. Reichsmark 0·50

Jahrgang 1924.

1. Th. Curtius und A. Bertho. Einwirkung von Stickstoffkohlenoxyd und von Stickwasserstoffsäure unter Druck auf aromatische Kohlenwasserstoffe. Reichsmark 0·50
2. Liebmann, Heinrich. Umkehrung des Variationsproblems der ebenen Affingeometrie. Reichsmark 0·60
3. Salomon, Wilhelm. Die Intensitäten alluvialer und diluvialer geologischer Vorgänge und ihre Einwirkung auf die pliocäne Rumpffläche des Kraichgaues und Odenwaldes. Reichsmark 1·20
4. Heffter, L. Zur absoluten Geometrie. Reichsmark 0·60
5. van Werveke, L. Über die Entstehung der lothringischen Lehme und des mittelrheinischen Lößes. Reichsmark 1·50
6. Krull, Wolfgang. Die verschiedenen Arten der Hauptidealringe. Reichsmark 0·50
7. Roeser, Ernst. Übergang von der nichteuklidischen Streckentrigonometrie zur Winkelmessung. Reichsmark 0·30
8. Wellstein, Julius. Zur Differentialgeometrie der isotropen Kurven. Reichsmark 1·50
9. Ewald Rudolf. Die geodynamischen Erscheinungen des krystallinen Odenwaldes als Beispiel einer geoisostatischen Ausgleichsschwingung. Reichsmark 1·50
10. Voelcker, Ilse. Über eine ganz junge Verwerfung bei Rauenberg im Kraichgau. Reichsmark 0·30
11. Liebmann, Heinrich. Die Aufschließung von Differentialinvarianten. Reichsmark 0·50

(Fortsetzung siehe 3. Umschlagseite.)

***) Bestellungen auf solche Veröffentlichungen der math.-naturw. Klasse, welche früher im Verlag von Carl Winters Universitätsbuchhandlung in Heidelberg erschienen sind nimmt auch der Verlag Walter de Gruyter & Co., Berlin, entgegen.**

Sitzungsberichte
der Heidelberger Akademie der Wissenschaften
Mathematisch-naturwissenschaftliche Klasse
Jahrgang 1928. 17. Abhandlung.

Kurvennetze ohne Umwege

Von

Max Schneidt
in München

Vorgelegt von Heinrich Liebmann in Heidelberg

Berlin und Leipzig 1928

Walter de Gruyter & Co.

vormals G. J. Göschen'sche Verlagshandlung / J. Guttentag, Verlagsbuchhandlung / Georg Reimer / Karl J. Trübner / Veit & Comp.

Kurvennetze ohne Umwege.

§ 1. **Die Differentialgleichung der Kurvenscharen, die zusammen mit einer gegebenen Kurvenschar ein Netz ohne Umwege bilden.**

Es sei eine Fläche durch die Gleichungen gegeben:

$$x = x(u, t) \qquad y = y(u, t) \qquad z = z(u, t)$$

Wir setzen in bekannter Bezeichnung:

$$\left(\frac{\partial x}{\partial u}\right)^2 + \left(\frac{\partial y}{\partial u}\right)^2 + \left(\frac{\partial z}{\partial u}\right)^2 = E \qquad \left(\frac{\partial x}{\partial t}\right)^2 + \left(\frac{\partial y}{\partial t}\right)^2 + \left(\frac{\partial z}{\partial t}\right)^2 = G$$

$$\frac{\partial x}{\partial u} \cdot \frac{\partial x}{\partial t} + \frac{\partial y}{\partial u} \cdot \frac{\partial y}{\partial t} + \frac{\partial z}{\partial u} \cdot \frac{\partial z}{\partial t} = F.$$

Soll auf der Fläche eine Kurvenschar $v = \text{Const}$ gefunden werden, die mit der Schar $u = \text{Const}$ ohne Umwege ist, so setzen wir $t = t(u, v)$, wodurch die Schar $u = \text{Const}$ unverändert bleibt.

Dann wird:

$$\sum \left(\frac{\partial x}{\partial u} + \frac{\partial x}{\partial t} \cdot \frac{\partial t}{\partial u}\right)^2 = E + 2F \cdot t_1 + G \cdot t_1^2, \text{ wo } t_1 = \frac{\partial t}{\partial u};$$

$$\sum \left(\frac{\partial x}{\partial v}\right)^2 = \sum \left(\frac{\partial x}{\partial t} \cdot \frac{\partial t}{\partial v}\right)^2 = \qquad G \cdot t_2^2, \qquad t_2 = \frac{\partial t}{\partial v};$$

Die Bedingung dafür, daß $u = \text{Const}$ und $v = \text{Const}$ ohne Umwege sind, ist dann bekanntlich:

$$\frac{\partial}{\partial v} \sqrt{E + 2F \cdot t_1 + G \cdot t_1^2} = \frac{\partial}{\partial u} \sqrt{G \cdot t_2^2};$$

Bezeichnen Φ_1 und Φ_2 die partiellen Ableitungen einer Funktion $\Phi(u, v)$ nach u und v, so genügt es also, zu setzen:

$$E + 2F \cdot t_1 + G \cdot t_1^2 = \Phi_1^2, \qquad G \cdot t_2^2 = \Phi_2^2;$$

Es folgt: $\Phi_2 = \sqrt{G} \cdot \frac{\partial t}{\partial v}$, $\Phi = \int U\, du + \int \sqrt{G} \cdot \delta t$, wobei U eine willkürliche Funktion von u bedeutet.

Danach wird:

$$E + 2F \cdot t_1 + G \cdot t_1^2 = \Phi_1^2 = \left[U + \sqrt{G} \cdot t_1 + \frac{\partial}{\partial u} \int \sqrt{G} \cdot \delta t\right]^2;$$

Also kommt für $t = t(u, v)$ die Differentialgleichung:

$$\frac{\partial t}{\partial u} = t_1 = \frac{\left(U + \frac{\partial}{\partial u}\int \sqrt{G}\,\delta t\right)^2 - E}{2\left[F - \sqrt{G}\left(U + \frac{\partial}{\partial u}\int \sqrt{G}\,\delta t\right)\right]};$$

v tritt als Integrationskonstante auf.

Man kann ein partikuläres Integral $\bar{t} = q(u)$ willkürlich annehmen, wodurch die Funktion U bestimmt wird; es darf also eine Kurve vorgeschrieben werden, die die gesuchte Schar enthalten soll. Man bemerkt aber, daß für U eine quadratische Gleichung auftritt, aus der zwei Werte U_1 und U_2, demnach auch zwei Kurvenscharen folgen, die die Kurve $\bar{t} = q(u)$ gemeinsam haben.

Dieser Umstand erklärt sich daraus, daß das System ohne Umwege $u =$ Const $v =$ Const erst dann eindeutig festgelegt ist, wenn auf der Kurve $\bar{t} = q(u)$ die positive Fortschreitungsrichtung gewählt ist.

Wenn wir annehmen, daß das Ausgangssystem $u =$ Const, $t =$ Const schon ohne Umwege ist, so wird

$$\frac{\partial \sqrt{E}}{\partial t} = \frac{\partial \sqrt{G}}{\partial u}, \text{ d. h. } \frac{\partial}{\partial u}\int \sqrt{G}\,\delta t = \sqrt{E},$$

und die Differentialgleichung für t hat die Form:

$$2 \cdot t_1 \cdot [F - \sqrt{EG} - \sqrt{G} \cdot U] = U\,(2\sqrt{E} + U).$$

In diesem Fall kann speziell eine Kurve $t = a$, $\frac{\partial t}{\partial u} = 0$ der Schar $t =$ Const als partikuläres Integral gewählt werden.

§ 2. **Diskussion eines Beispiels.**

Bezugnehmend auf die letzten Zeilen des § 1 soll folgendes Beispiel betrachtet werden:

In der Ebene bilden die Tangenten des Einheitskreises um den Anfangspunkt $x^2 + y^2 - 1 = 0$ ein Kurvennetz ohne Umwege. Es soll die Kurvenschar gesucht werden, die mit den Kreistangenten ohne Umwege ist und eine der Tangenten $(x - 1 = 0)$ enthält.

Die Schar der Tangenten werde in der Form dargestellt:

$$x = \frac{\cos(u - t)}{\cos(u + t)}, \quad y = \frac{\sin(u - t)}{\cos(u + t)};$$

Es wird:

$$\bar{E} = \frac{1}{\cos^4(u + t)} \cdot [t_1{}^2 + 1 - 2\,t_1 \cos 2\,(u + t)] = \sum \left(\frac{\partial x}{\partial u} + \frac{\partial x}{\partial t} \cdot t_1\right)^2.$$

$$\sum \left(\frac{\partial x}{\partial v}\right)^2 = \frac{1}{\cos^4(u + t)} \cdot t_2{}^2,$$

$$\Phi = \int U\,du + tg\,(u+t),\quad \Phi_1 = U + \frac{(1+t_1)}{\cos^2(u+t)}\,.$$

$$\frac{1}{\cos^4(u+t)}\cdot[1+t_1{}^2 - 2\,t_1\cos 2\,(u+t)] = \left[U + \frac{1+t_1}{\cos^2(u+t)}\right]^2;$$

Partikuläres Integral: $t = 0$ $(x - 1 = 0)$,

$$U_1 = 0,\ U_2 = -\frac{2}{\cos^2(u)};$$

Die gesuchte Differentialgleichung lautet:

$$t_1\cdot\sin^2 u = \frac{\cos^2(u+t)}{\cos^2 u} - 1;$$

Die Substitution $z = tg\,(u+t)$ liefert eine RICCATIsche Differentialgleichung in z:

$$\frac{\partial z}{\partial u} = -\,ctg^2\,u\,.\,z^2 + \frac{1+\cos^2 u}{\cos^2 u},$$

von der das partikuläre Integral $\bar{z} = tg\,u$ bekannt ist. Die Integration ergibt schließlich:

$$ctg\,t = tg\,u + \frac{tg^2 u}{3}\,(v - ctg^3 u),$$

Ersetzt man abkürzend $ctg\,u.$ durch u, so werden die Gleichungen des gesuchten Kurvennetzes:

$$x = 1 + \frac{6\,u}{v-u^3},\quad y = \frac{1}{u} + \frac{3\,(1-u^2)}{v-u^3};$$

Durch Elimination von u kommt als Gleichung der Schar $v = \text{Const}$:

$$[v\,(x-1)^3 + 4\,y^3 + 3\,y\,(x-1)\,(x+3)\,]^2 =$$
$$= (x^2+y^2-1)\,[4\,y^2 + (x-1)\,(x+7)\,]^2;$$

Es handelt sich also um Kurven 6. Grades mit folgenden Eigenschaften:

1. Die Kurven verlaufen außerhalb des Kreises $x^2+y^2-1=0$;

2. Sie gehen alle durch den Punkt $x=1$, $y=0$, in dem sie den Kreis berühren.

3. Die Kurven haben zwei reelle Asymptoten für $u=0$ $(x-1=0)$ und für $u^3-v=0$:

$$(x-1)\,(u^2-1) + 2\,(u\,y-1) = 0,$$

also die feste Kreistangente $x-1=0$ und eine veränderliche Kreistangente; die Kurven $v=\text{Const}$ sind also mit ihren eigenen Asymptoten ohne Umwege!

Ausnahmen: $v = 0$ ohne Asymptote;
$v=1$: Asymptoten $x-1=0$ und $y-3=0$.

4. Die Kurven berühren den Kreis außer in dem Punkt $x = 1$, $y = 0$ noch in einem weiteren Punkt (ausgenommen wieder $v=0$).

$$x^2+y^2-1=0 \text{ gibt in } u \text{ und } v\text{: } \left[\frac{1}{u} + \frac{3\,(1+u)^2}{v-u^3}\right]^2 = 0;$$

Für den gemeinsamen Punkt von Kurve und Kreis folgt: $v+2u^3+3u=0$; bei gegebenem v hat diese Gleichung 3. Grades in u stets eine reelle Wurzel.

$$\text{Für } v=-(2u^3+3u) \text{ wird } \frac{dy}{dx}=-\frac{u^2-1}{2u},$$

also gleich der aus der Tangentengleichung $(x-1)(u^2-1)+2(uy-1)=0$ folgenden Richtung, womit die Berührung von Kurve und Kreis gezeigt ist.

5. Die Gleichung der Schar bleibt ungeändert, wenn man gleichzeitig v mit $-v$ und y mit $-y$ vertauscht; die Kurven mit negativem v gehen also aus denen mit positivem v durch Spiegelung an der X-Achse hervor.

(Diesem Beispiel ist eine Zeichnung des Verlaufs der Kurven $v=0$, $v=0{,}5$, $v=1$, $v=5$ beigegeben.)

§ 3. Regelflächen, auf denen die Geraden mit der zweiten Schar von Asymptotenlinien ein Netz ohne Umwege bilden.

Die im § 1 entwickelte Differentialgleichung soll angewendet werden zur Bestimmung von Kurvenscharen auf Regelflächen, die mit den Erzeugenden ohne Umwege sind.

Die Regelfläche werde dargestellt durch die Gleichungen

$$x=\varphi(u)+t\,.\,l(u) \qquad y=\psi(u)+t\,.\,m(u) \qquad z=\chi(u)+t\,.\,n(u),$$

wo also $u=\text{Const}$ die Erzeugenden mit den Richtungskosinussen l, m, n vorstellt.

$$\varphi=\varphi(u),\ \psi=\psi(u),\ \chi=\chi(u) \text{ heiße die „Leitkurve“.}$$

Zur Aufstellung der Schar $v=\text{Const}$ werde $t=t(u,v)$ gesetzt und es wird:

$$\sum\left(\frac{\partial x}{\partial u}\right)^2=\Sigma\varphi_1{}^2+t_1{}^2+t^2\,\Sigma l_1{}^2 \qquad (\Sigma l^2=1)$$
$$+2t_1\ \Sigma l\varphi_1+2t\ \Sigma l_1\varphi_1;$$

$$\sum\left(\frac{\partial x}{\partial v}\right)^2=\Sigma(lt_2)^2=t_2{}^2;$$

$$\Phi_2=t_2,\ \Phi=\int U du+t,\ \Phi_1=U+t_1;$$

$$\sum\left(\frac{\partial x}{\partial u}\right)^2=(U+t_1)^2;$$

$$\sum\varphi_1{}^2+2t\ \Sigma l_1\varphi_1+t^2\ \Sigma l_1{}^2-U^2=2t_1(U-\Sigma\varphi_1 l).$$

Es tritt also für t eine Riccatische Differentialgleichung auf, die aber wieder die willkürliche Funktion U enthält; durch Wahl eines parti-

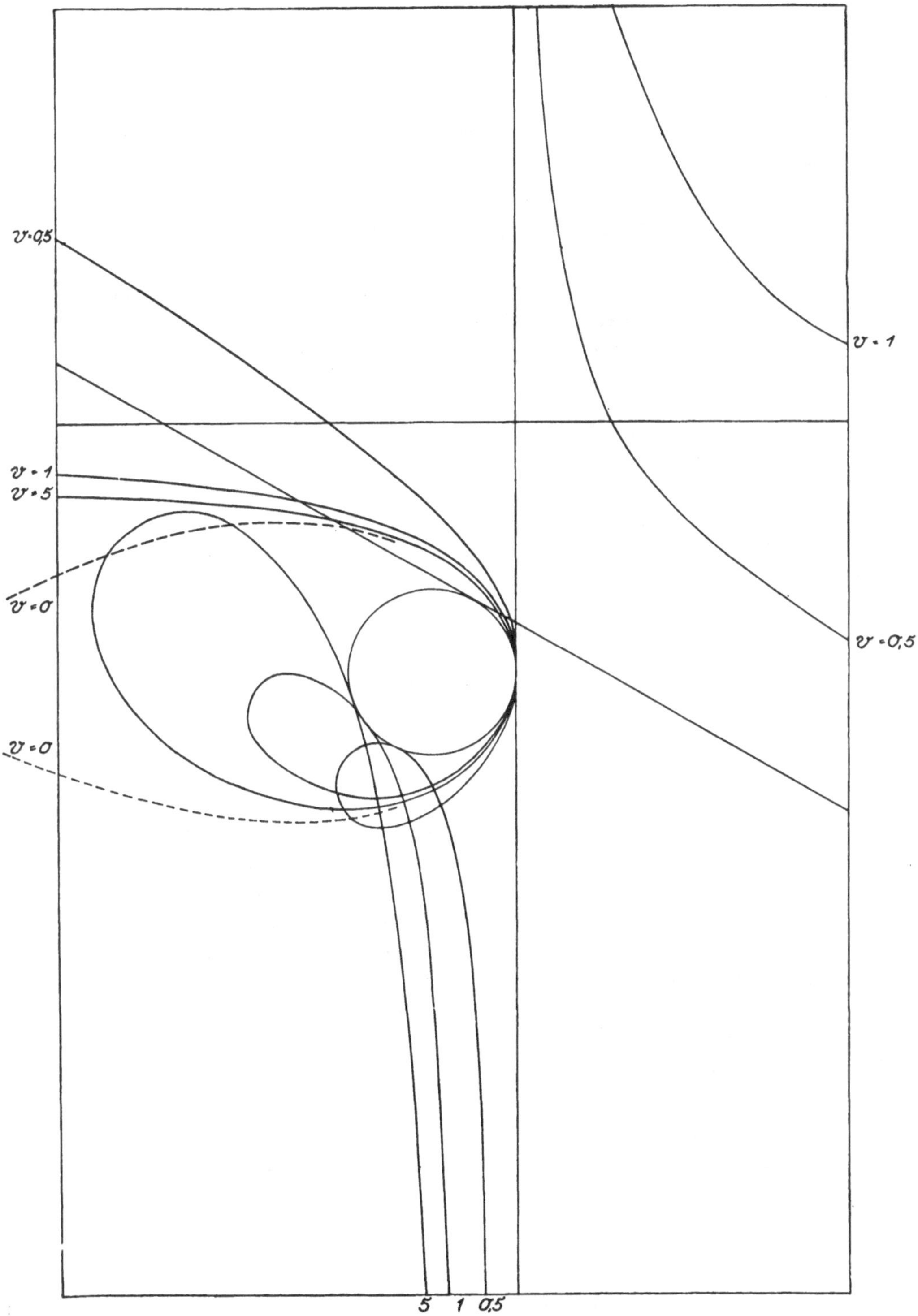

v=0,5
v=1
v=1
v=5
v=0
v=0,5
v=0
5
1
0,5

kulären Integrals $\bar{t}(u)$ wird dann nicht nur U festgelegt, sondern die Gleichung auch integrabel.

Speziell ist die Leitkurve selbst in der gesuchten Schar enthalten, wenn man $U = \pm\sqrt{\Sigma \varphi_1{}^2}$ nimmt.

Bekanntlich ist die zweite Schar von Asymptotenlinien auf Regelflächen durch eine RICCATIsche Differentialgleichung bestimmt. Es liegt daher nahe, diese Diff. Gl. mit der für die Kurven ohne Umwege in Beziehung zu setzen, um dadurch zu Regelflächen mit Asymptotenlinien ohne Umwege zu gelangen.

Die Differentialgleichung der Asymptotenlinien entwickeln wir durch den Ansatz:

$$\begin{vmatrix} x_1 & x_2 & x_{11} \\ y_1 & y_2 & y_{11} \\ z_1 & z_2 & z_{11} \end{vmatrix} = 0, \quad \text{wobei}$$

$$x_1 = \frac{\partial x}{\partial u} = \varphi_1 + l \cdot t_1 + l_1 \cdot t, \; x_2 = \frac{\partial x}{\partial v} = l \cdot t_2$$

$$x_{11} = \frac{\partial^2 x}{\partial u^2} = \varphi_{11} + 2 l_1 t_1 + l_{11} t + l \cdot t_{11};$$

Entsprechend für y und z.

Es wird:

$$[\varphi_1 \, l \varphi_{11}] + 2 t_1 [\varphi_1 \, l l_1] + \\ + t \cdot \{[\varphi_1 \, l l_{11}] + [l_1 \, l \varphi_{11}]\} + t^2 \cdot [l_1 \, l l_{11}] = 0,$$

indem diese abkürzenden Bezeichnungen für die Determinanten gestattet seien.

Zur Vereinfachung werde nun der Parameter u als Bogenlänge s auf der Leitkurve angenommen, so daß $\Sigma \varphi_1{}^2 = 1$ wird und $\varphi_1, \psi_1, \chi_1$ die Richtungskosinus der Tangente der Leitkurve darstellen. Außerdem werde die betrachtete Regelfläche auf geometrisch anschauliche Weise dadurch festgelegt, daß ihre Erzeugenden Normalen der Leitkurve sein sollen, unter Einführung des Winkels ε, den die Erzeugenden mit den Binormalen der Leitkurve bilden. Diese Annahme bedeutet keine Einschränkung, da wir auf jeder Regelfläche eine orthogonale Trajektorie der Erzeugenden als Leitkurve wählen können.

Es seien ϱ und r der Krümmungs- bzw. Torsionsradius, α, β, γ die Richtungskosinus der Binormalen, λ, μ, ν die der Hauptnormalen der Leitkurve; dann wird die Darstellung der Regelfläche:

$$\begin{aligned} x &= \varphi(u) + t \cdot (\alpha \cos \varepsilon + \lambda \sin \varepsilon) \\ y &= \psi(u) + t \cdot (\beta \cos \varepsilon + \mu \sin \varepsilon) \\ z &= \chi(u) + t \cdot (\gamma \cos \varepsilon + \nu \sin \varepsilon). \end{aligned}$$

Unter Benützung der FRENETschen Formeln

$$\frac{d\varphi_1}{du} = \varphi_{11} = \frac{\lambda}{\varrho}, \frac{da}{du} = a_1 = \frac{\lambda}{r}, \frac{d\lambda}{du} = \lambda_1 = -\frac{\varphi_1}{\varrho} - \frac{a}{r}$$

und zyklisch vertauscht, erhält man:

$$\frac{\partial^2}{\partial u^2}(\alpha \cos \varepsilon + \lambda \sin \varepsilon) = A\alpha + B \cdot \lambda + C \cdot \varphi'$$

$$\frac{\partial^2}{\partial u^2}(\beta \cos \varepsilon + \mu \sin \varepsilon) = A\beta + B \cdot \mu + C \cdot \psi'$$

$$\frac{\partial^2}{\partial u^2}(\gamma \cos \varepsilon + \nu \sin \varepsilon) = A\gamma + B \cdot \nu + C \cdot \chi'$$

Dabei bedeuten:

$$A = -\cos \varepsilon \cdot \left(\varepsilon'^2 + \frac{2\varepsilon'}{r} + \frac{1}{r^2}\right) + \sin \varepsilon \cdot \left(-\varepsilon'' + \frac{r'}{r^2}\right)$$

$$B = \cos \varepsilon \cdot \left(\varepsilon'' - \frac{r'}{r^2}\right) - \sin \varepsilon \cdot \left(\varepsilon'^2 + \frac{2\varepsilon'}{r} + \frac{1}{r^2} + \frac{1}{\varrho^2}\right)$$

$$C = -\cos \varepsilon \left(\frac{1}{r\varrho} + \frac{2\varepsilon'}{\varrho}\right) + \sin \varepsilon \cdot \frac{\varrho'}{\varrho^2}$$

(Die Striche bedeuten ebenso wie der Index 1 die Differentiation nach $u = s$.)

Nunmehr wird:

$$[l\varphi_1\varphi_{11}] = -\frac{\cos \varepsilon}{\varrho}; \ [l l_1 \varphi_1] = \varepsilon' + \frac{1}{r};$$

$$[l l_1 \varphi_{11}] = -A \cdot \frac{\sin^2 \varepsilon}{\varrho} + B \cdot \frac{\sin \varepsilon \cdot \cos \varepsilon}{r} + C\left(\varepsilon' + \frac{1}{r}\right);$$

$$[\varphi_{11} l l_1] + [l_{11} l \varphi_1] = A \sin \varepsilon - B \cos \varepsilon + \frac{\sin \varepsilon \cdot \cos \varepsilon}{\varrho^2};$$

Führen wir zur Abkürzung $\varepsilon' + \frac{1}{r} = S$ ein, so daß $S' = \varepsilon'' - \frac{r'}{r^2}$, so erscheint schließlich die Differentialgleichung der Asymptotenlinien in der Form:

$$2\,t_1 \cdot S = 2\,S \frac{\partial t}{\partial u} =$$
$$-\frac{\cos \varepsilon}{\varrho} + t\left[\frac{2 \sin \varepsilon \cos \varepsilon}{\varrho^2} - S'\right]$$
$$-t^2 \cdot \left[S^2 \cdot \frac{d}{ds}\left(\frac{\sin \varepsilon}{\varrho S}\right) + \frac{\cos \varepsilon}{\varrho}\left(S^2 + \frac{\sin^2 \varepsilon}{\varrho^2}\right)\right].$$

In analoger Darstellung wird die Differentialgleichung der Kurven ohne Umwege:

$$\sum \varphi_1 l_1 = -\frac{\sin \varepsilon}{\varrho}, \ \sum l_1{}^2 = \frac{\sin^2 \varepsilon}{\varrho^2} + S^2,$$

$$2\,t_1 U = 2\,U \frac{\partial t}{\partial u} = (1 - U^2) - 2\,t \frac{\sin \varepsilon}{\varrho} + t^2 \cdot \left[\frac{\sin^2 \varepsilon}{\varrho^2} + S^2\right];$$

Wir bemerken anschließend hieran, daß das Krümmungsmaß K der Regelfläche sich berechnet zu:

$$K = -\frac{S^2}{[t^2 \cdot S^2 + (1 - \frac{t}{\varrho}\sin\varepsilon)^2]};$$

Für die Leitkurve $t = 0$ kommt das Krümmungsmaß $Ko = -S^2$, so daß also

$$S = \sqrt{-Ko}.$$

Die Differentialgleichung der Kurven ohne Umwege kann dann in der bemerkenswert einfachen Form geschrieben werden:

$$2\,U \cdot t_1 = -U^2 + \frac{Ko}{K}.$$

Um nun zu den Regelflächen mit Asymptotenlinien ohne Umwege zu gelangen, identifizieren wir die beiden aufgestellten Diff. Gl. und erhalten als Bedingungen:

$$\text{I.} \quad -\frac{\sin\varepsilon}{\varrho U} = \frac{1}{2S}\left(\frac{2\sin\varepsilon\cos\varepsilon}{\varrho^2} - S'\right);$$

$$\text{II.} \quad \frac{1-U^2}{U} = -\frac{\cos\varepsilon}{\varrho \cdot S};$$

$$\text{III.} \quad \frac{1}{U}\left(\frac{\sin^2\varepsilon}{\varrho^2} + S^2\right) = -\frac{1}{S}\left\{S^2 \frac{d}{ds}\left(\frac{\sin\varepsilon}{\varrho S}\right) + \frac{\cos\varepsilon}{\varrho}\left(S^2 + \frac{\sin^2\varepsilon}{\varrho^2}\right)\right\}$$

Durch Umformung wird III auf die Form gebracht:

$$\frac{S \cdot \varrho}{2\sin\varepsilon} \cdot \frac{S'}{S}\left[1 + \frac{\sin^2\varepsilon}{\varrho^2 S^2}\right] + \frac{d}{ds}\left(\frac{\sin\varepsilon}{\varrho S}\right) = 0$$

Durch Integration kommt:

$$S \cdot \left[1 + \frac{\sin^2\varepsilon}{\varrho^2 S^2}\right] = C\ (= \text{Const}).$$

Unter Benutzung dieses Resultates gelangen wir nun leicht zu folgenden Gleichungen:

$$1,\ tg^2\,\varepsilon = \frac{C-S}{S\left(U - \frac{1}{U}\right)^2}$$

$$2,\ \frac{1}{\varrho^2} = S(C-S) + S^2\left(U - \frac{1}{U}\right)^2$$

$$3,\ \frac{1}{r} = S - \varepsilon'$$

wobei

$$U = \frac{S'}{2S\sqrt{S(C-S)}};$$

Es sind also die drei Bestimmungsstücke ε, ϱ, r der Regelflächen mit Asymptotenlinien ohne Umwege dargestellt durch die Funktion S; die Gesamtheit aller dieser Regelflächen hängt von S und der Konstanten C ab.

Anwendung:

Unter den verschiedenen Anwendungen, die sich an vorstehende Gleichungen knüpfen, sei nur folgende bemerkenswerte herausgehoben:

Für konstantes ε kommt für $S = \frac{1}{r}$ die Differentialgleichung:

$$S'^2 - 2S' \cdot S(C-S) \, ctg\, \varepsilon - 4S^3(C-S) = 0$$

Nehmen wir insbesondere $\varepsilon = \frac{\pi}{2}$, so erhalten wir die Hauptnormalenfläche der Leitkurve und die Gleichung wird:

$$S'^2 = 4S^3(C-S), \text{ oder in } r:$$

$$r'^2 = 4(Cr-1), \text{ neben } \frac{1}{\varrho^2} + \frac{1}{r^2} = \frac{C}{r}.$$

Die Integration liefert, $C = \frac{1}{a}$ gesetzt:

$$\varrho = (s-s_0) + \frac{a^2}{(s-s_0)^2}; \quad r = a + \frac{(s-s_0)^2}{a};$$

Dies sind also die natürlichen Gleichungen derjenigen Raumkurven, auf deren Hauptnormalenflächen die Asymptotenlinien ohne Umwege sind.

Es ist dem Verfasser nicht gelungen, zu den endlichen Gleichungen dieser Raumkurven zu gelangen. Bekanntlich müßte dazu die Riccatische Differentialgleichung in σ integriert werden:

$$\frac{d\sigma}{ds} = -\frac{ia}{a^2+s^2} \cdot \left\{ \sigma^2 - 2\sigma \cdot \frac{s}{a} - 1 \right\};$$

Für die Hauptnormalenflächen selbst ergibt sich noch: 1. Der Abstand der Striktionslinie von der Leitkurve wird $\frac{r}{\varrho \cdot \left[\frac{1}{\varrho^2} + \frac{1}{r^2}\right]} = s - s_0$.

2. Ihre „Schränkung" ist konstant (vgl. Schell-Salkowski, Theorie der Kurven doppelter Krümmung).

§ 4. Algebraische Kurven auf der Kugel, die mit den Meridianen ein Netz ohne Umwege bilden.

Als eine letzte Anwendung der Entwicklungen des § 1 sollen noch Kurven auf Rotationsflächen betrachtet werden, die mit den Meridianen ohne Umwege sind.

Die Rotationsfläche hat die Gleichungen

$$x = t \cdot \cos u, \qquad y = t \cdot \sin u, \qquad z = z(t),$$

wobei also $u = \text{Const}$ die Meridiane sind.

Die gewünschten Kurven $v = \text{Const}$ werden wieder erhalten aus $t = t(u, v)$, wobei sich für t die Differentialgleichung einstellt:

$$t_1 = \frac{\partial t}{\partial u} = \frac{U^2 - t^2}{-2U\sqrt{1+z'^2}};$$

In einigen Fällen führt diese Diff. Gl. für jedes beliebige U auf Quadraturen. Dies ist beim Kreiskegel und bei der Pseudosphäre der Fall. Auf diesen Flächen lassen sich also ausnahmsweise alle Kurvenscharen, die mit der Schar der Meridiane ohne Umwege sind, durch Quadraturen angeben.

Wählt man andererseits $U = -a = \text{Const}$, so wird

$$t_1 = \frac{a^2 - t^2}{+2a\sqrt{1+z'^2}}, \text{ woraus folgt:}$$

$$u + v = 2a \int \frac{\sqrt{1+z'^2}}{a^2 - t^2} dt = J$$

Es wird also $t = t(u+v)$;

Demnach lassen sich auf jeder Rotationsfläche durch Quadraten Kurvenscharen (ohne Umwege mit den Meridianen) angeben, und zwar entsteht jede solche Schar durch Rotation einer Kurve um die Z-Achse.

Das Integral J gibt, da t und u die Polarkoordinaten in der X-Y-Ebene sind, die endliche Gleichung der Projektion der Schar $v = \text{Const}$ in die X-Y-Ebene (in Polarkoordinaten).

Außerdem erweist sich die Differentialgleichung

$$t_1 = \frac{a^2 - t^2}{2a\sqrt{1+z'^2}} \text{ erfüllt durch } t = a,\ t_1 = 0;$$

Also ist ein Breitenkreis $t = a$ ausnahmsweise neben der Schar $v = \text{Const}$ enthalten. Das nachfolgende Beispiel zeigt nebenbei, daß dieser Breitenkreis nicht auf der Rotationsfläche liegen muß!

Das Integral J kann auf eine Gleichung $t = t(u+v)$ führen, die in x und y algebraisch ist. Die Rechnung zeigt leicht, daß dies z. B. eintritt für die Rotationsflächen von konstantem Krümmungsmaß K, für die $z' = \frac{dz}{dt} = \sqrt{\frac{1 - C + Kt^2}{C - Kt^2}}$ gilt, bei geeigneter Wahl der Konstanten C und K. Man kann also auf der Kugel $z^2 + t^2 = b^2$, als der (einzigen) algebraischen Fläche dieser Art Kurven $v = \text{Const}$ finden, die algebraisch sind.

Für die Kugel $z = \sqrt{b^2 - t^2}$ kommt, wenn $a > b$!,

$$u + v = 2ab \int \frac{dt}{(a^2 - t^2)\sqrt{b^2 - t^2}} =$$

$$= \frac{2b}{\sqrt{a^2 - b^2}} \operatorname{arc\,tg} \frac{\sqrt{a^2 - b^2}}{a} \cdot \frac{t}{\sqrt{b^2 - t^2}};$$

Also folgen unendlich viele algebraische Kurven $v = \text{Const}$, wenn $\frac{2b}{\sqrt{a^2 - b^2}}$ rational, speziell ganzzahlig wird.

Die einfachsten Fälle sind:

1. $\frac{2b}{\sqrt{a^2 - b^2}} = 1;\ a = b\sqrt{5};\ tg\, u = \frac{y}{x} = \frac{2t}{\sqrt{5} \cdot \sqrt{b^2 - t^2}};$

oder: $4x^4 + 9x^2y^2 + 5y^4 - 5b^2y^2 = 0.$ (4. Grades)

2. $\frac{2b}{\sqrt{a^2 - b^2}} = 2;\ a = b\sqrt{2};\ \sqrt{2} \cdot tg\frac{u}{2} = \frac{t}{\sqrt{b^2 - t^2}};$

oder: $(x^2 + y^2)[2b^2 - 3(x^2 + y^2)]^2 = x^2(2b^2 - x^2 - y^2)^2;$ (6. Grades)

3. $\frac{2b}{\sqrt{a^2 - b^2}} = \frac{1}{2};\ a = b\sqrt{17};\ \frac{\sqrt{17}}{4} \cdot tg\, 2u = \frac{t}{\sqrt{b^2 - t^2}};$

oder: $4(x^2 + y^2)(x^2 - y^2)^2 = 17x^2y^2(b^2 - x^2 - y^2);$ (6. Grades)
$[x^2 + y^2 + z^2 = b^2]$

§ 5. Bemerkung über dreifachunendliche Flächenscharen mit der „Divergenz" Null.

Die rechtwinkligen Koordinaten seien durch die Parameter u, v, w der drei Flächenscharen dargestellt vermöge der Gleichungen

$$x = x(u, v, w) \qquad y = y(u, v, w) \qquad z = z(u, v, w).$$

Dann lautet die Forderung:

$$\frac{\partial}{\partial u}\sqrt{Ev\,Ew - Fvw^2} + \frac{\partial}{\partial v}\sqrt{Eu\,Ew - Fuw^2} + \frac{\partial}{\partial w}\sqrt{Eu\,Ev - Fuv^2} = 0,$$

wobei: $Eu = \left(\frac{\partial x}{\partial u}\right)^2 + \left(\frac{\partial y}{\partial u}\right)^2 + \left(\frac{\partial z}{\partial u}\right)^2 \quad Fuv = \frac{\partial x}{\partial u}\frac{\partial x}{\partial v} + \frac{\partial y}{\partial u}\frac{\partial y}{\partial v} + \frac{\partial z}{\partial u}\frac{\partial z}{\partial v}$ usw.

Die obige Forderung 1) sagt aus, daß in jeder 6seitigen räumlichen Zelle mit den „Aufpunkten" 0 und 0′ die Summe der 3 bei 0 zusammenstoßenden Flächen gleich ist der Summe der 3 bei 0′ zusammenstoßenden Flächen; 2) läßt eine einfache physikalische Deutung zu, wenn man die Flächen als semipermeable Membranen betrachtet. Wenn eine Flüssigkeit durch die Flächen hindurchdiffundiert, bleibt in jeder Zelle die einmal enthaltene Menge gleich. (Daher „Divergenz" Null.)

Die Aufstellung von Flächensystemen der gewünschten Art geht wieder nach der Methode des § 1 vor sich. Man gibt 2 Scharen $u = \text{Const}$ $v = \text{Const}$ und bestimmt die 3te Schar $t = \text{Const}$ dazu, indem man $w = w(u, v, t)$ setzt.

Für w kommt dann eine Differentialgleichung der Form:

$$A \cdot \frac{\partial w}{\partial u} \cdot \frac{\partial w}{\partial v} + 2B\frac{\partial w}{\partial u} + 2C\frac{\partial w}{\partial v} + D = 0;$$

Speziell für 3fach orthogonale Systeme mit der Divergenz Null gilt, wenn

$$ds^2 = A^2\,du^2 + B^2\,dv^2 + C^2\,dw^2$$

das Quadrat des Linienelement des Raumes ist:

$$\frac{\partial}{\partial w}(AB) + \frac{\partial}{\partial v}(AC) + \frac{\partial}{\partial u}(BC) = 0;$$

Diese Gleichung ist gleichbedeutend mit:

$$\frac{1}{R_{12}} + \frac{1}{R_{13}} + \frac{1}{R_{21}} + \frac{1}{R_{23}} + \frac{1}{R_{31}} + \frac{1}{R_{32}} = 0$$

Die Summe aller Hauptkrümmungsradien ist Null!

Bis jetzt wurde vom Verfasser festgestellt:

1. Es gibt keine Kugelscharen außer den konzentrischen, die ein derartiges System als Lamesche Flächenfamilie zulassen würden.
2. Nur ∞^1 Ebenen, die durch einen Punkt gehen, also Tangentialebenen eines Kegels sind, lassen ein derartiges 3fach orth. System zu.

Anmerkung des Verfassers.

Die Paragraphen 1—4 geben eine Behandlung der Kurvennetze ohne Umwege, die von den Arbeiten der Herren G. Scheffers, R. Rothe, R. v. Lilienthal und O. Reckers abweicht und zu ihrer Ergänzung dienen soll. Diese Paragraphen sind früher entstanden, konnten aber erst jetzt im Druck veröffentlicht werden.

Die in § 5 gegebene Erweiterung des Begriffs der Kurvennetze ohne Umwege auf den Raum stammt aus der letzten Zeit und enthält, was hervorgehoben werden soll, vorläufige Ergebnisse, auf die ich noch zurückzukommen gedenke. Ich teile sie auf besonderen Wunsch hier mit.

Abteilung B. Biologische Wissenschaften.

Jahrgang 1923.

1. Kossel, A. und R. E. Gross. Über die Darstellung und quantitative Bestimmung des Arginins. Reichsmark 0·30

Vom Jahrgang 1925 ab findet die Trennung in Abteilung A und B nicht mehr statt.

Jahrgang 1925.

1. Heffter, Lothar. Zur absoluten Geometrie II. Reichsmark 0·50
2. Roeser, Ernst. Die komplementären Figuren der nichteuklidischen Ebene. Reichsmark 0·50
3. Fladt, Kuno. Neuer Beweis f. d. Zuordnung von rechtwinkligem Dreieck und Spitzeck in der hyperbolischen Elementargeometrie. Reichsmark 0·30
4. Salomon, Wilhelm. Beobachtungen über Harnische. Reichsmark 0·70
5. Loewy, A. Beiträge zur Algebra. 1—4. Reichsmark 1·—
6. Hellpach, Willy. 2. Mitteilung zur Physiognomik der deutschen Volksstämme. Reichsmark 0·30
7. Loewy, Alfred. Neue elementare Begründung u. Erweiterung der Galois'schen Theorie. Reichsmark 2·—
8. Curtius, Theodor u. Bertho, Alfred. Einwirkung von Stickstoffkohlenoxyd und von Stickstoffwasserstoffsäure unter Druck auf aromatische Kohlenwasserstoffe. Reichsmark 0·40
9. Roeser, Ernst. Die gnomonische Projektion in der hyperbolischen Geometrie. Reichsmark 0·70
10. Rasch, G. Über die Ausnützung der Gezeiten des Meeres zur Energiegewinnung. Reichsmark 0·80
11. Salomon, Wilhelm. Magmatische Hebungen. Reichsmark 1·20
12. Pütter, A. Altersbestimmungen an Drachenbäumen von Tenerife. Reichsmark 0·90
13. Volk, Otto. Über geodätische rhombische Kurvennetze auf krummen Flächen, insbesondere auf Flächen konstanter Krümmung. Reichsmark 1·10
14. Roeser, Ernst Die Fundamentalkonstruktion der hyperbolischen Geometrie. Reichsmark 1·40
15. Rüger, L. u. Rüger-Haas, P. Palaeosemaeostoma geryonides v. Huene sp. eine sessile Meduse aus dem Dogger von Wehingen i. W. und Medusina liasica nov. sp., eine coronatenähnliche Meduse aus dem mittleren Lias von Hechingen i. Württemberg. Reichsmark 1·50

Jahrgang 1926.

1. Krull, Wolfgang. Theorie und Anwendung der verallgemeinerten Abelschen Gruppen. Reichsmark 1·70
2. Klebs, Georg. Über periodisch wachsende tropische Baumarten. Reichsmark 1·20
3. Müller, Max. Über die Oberfläche von Flächenstücken. Reichsmark 1·20
4. Ernst, Max. Über Anlagen von Organen, die nicht zur Ausbildung gelangen. Reichsmark 0·50
5. Ernst, Emil. Die optischen Eigenschaften des Andesins von Bodenmais Reichsmark 1·10
6. Liepmann, Wilhelm. Leichengeburt bei Ichthyosauriern. Reichsmark 0·90
7. Klebs, Georg. Über die Längenperiode der Internodien. Reichsmark 2·40
8. Jost, L. u. v. Ubisch, G. Zur Windefrage. Reichsmark 0·80
9. Salomon, Wilhelm. Gibt es Gesteine, die für bestimmte Erdperioden charakteristisch sind? Reichsmark 0·30
10. Roeser, Ernst. Der reelle Übergang zwischen den beiden nichteuklidischen Geometrien und ihrem Parallelenbegriff. Reichsmark 1·20
11. Salomon, Wilhelm. Kugelförmige Absonderung. Reichsmark 0·80
12. Salomon, Felsenmeere und Blockstreuungen. Reichsmark 0·80
13. Salomon, Die Gruppendefinitionen in der Paläontologie. Reichsmark 0·90

Jahrgang 1927.

1. Loewy, Alfred. Neue elementare Begründung und Erweiterung der Galoisschen Theorie. Reichsmark 1·60
2. Liebmann, Heinrich. Rhombische Geradennetze im Raum. Reichsmark 1·—
3. Volk, Otto. Über geodätische Dreiecknetze auf Flächen konstanten Krümmungsmaßes. Reichsmark 1·80
4. Pütter, A. Chemische Reizwirkung und Giftwirkung. Mit einem mathematischen Anhang: Ein Diffussionsproblem von E. Trefftz. Reichsmark 2·40
5. Rembs, Eduard. Die Verbiegung des verlängerten Rotationsellipsoids. Reichsmark 1·60
6. Mayer, Adolf. Naturwissenschaftliche Ästhetik. Reichsmark 0·90
7. Mayer, Adolf. Naturwissenschaftliche Volkswirtschaftslehre. Reichsm. 0·80
8. Baer, R., Kapferer, H., Krull, W., Schmidt, F. K. Beiträge zur Algebra. Nr. 5—10. Reichsmark 6·20
9. Müller, Max. Über die Eindeutigkeit der Intregale eines Systems gewöhnlicher Differentialgleichungen und die Konvergenz einer Gattung von Verfahren zur Approximation dieser Integrale. Reichsmark 2·50
10. Freudenberg, Karl. Intramolekulare Umlagerung optisch-aktiver Systeme. Reichsmark 1·—
11. Roeser, Ernst. Abbildung der hyperbolischen Ebene auf die Kugel mittels der Beziehung zwischen Lot und Parallelwinkel. Reichsmark 1 —
12. Rüger, L. Die direkte gebirgsgetreue Übertragung der auf dem Universaldrehtisch gewonnenen Messungsergebnisse gebirgsorientierter Schliffe in das Diagramm. Reichsmark 1·20
13. Jost, L. Elektrische Potentialdifferenzen an der Einzelzelle. Reichsmark 1·90

Jahrgang 1928.

1. Rüger, L. Einige Bemerkungen zur Darstellung tektonischer Elemente, insbesonders von Klüften und Harnischen. Reichsmark 1·20
2. Herbst, Curt. Untersuchungen zur Bestimmung des Geschlechts. Ein neuer Weg zur Lösung des Geschlechtsbestimmungsproblems bei Bonellia viridis. Reichsmark 1·50
3. Merton, Hugo. Untersuchungen über die Entstehung amöbenähnlicher Zellen aus absterbenden Infusorien. Reichsmark 2·20
4. Baer, Reinhold. Zur Einordnung der Theorie der Mischgruppen in die Gruppentheorie. Reichsmark 2·20
5. Baer, Reinhold. Über die Zerlegungen einer Mischgruppe nach einer Untermischgruppe. Reichsmark 1·50
6. Roeser, Ernst. Komplementäre Körper der beiden nichteuklidischen Geometrien. Reichsmark 1·—
7. Krull, Wolfgang. Primidealketten in allgemeinen Ringbereichen. Reichsmark 1·10
8. Salomon, Wilhelm. Geologische Beobachtungen des Leonardo da Vinci. Reichsmark 0·90
9. Liebmann, Heinrich. Die Sätze von Lie und Gambier über Kurven eines Linienkomplexes. Reichsmark 0.90
10. Merz, K. W. Über den Wirkungsantagonismus von Blutkörperchen und Serum bei chemisch faßbaren biologischen Vorgängen. Reichsmark 1·20
11. Mühlbach, R. Über Raumkurven in der Möbius'schen Geometrie. Reichsmark 1·20
12. Ernst, Paul. Wurzeln der Medizin. Reichsmark 1·50
13. Mayer, Adolf. Naturwissenschaftliche Apologetik des Christentums. Reichsmark 1·60
14. Baer, Reinhold. Beiträge zur Galoisschen Theorie. Reichsmark 1·80
15. Salomon, Wilhelm. Neue geologische Beobachtungen im Baitonegebiet des Adamello. Reichsmark 0·90
16. Erdmannsdörffer, O. H. Über Disthen-Andalusitparagenesen. Reichsm. 1·20
17. Schneidt, Max. Kurvennetze ohne Umwege. Reichsmark 1·30.

Druck: Hermann Böhlaus Nachfolger Hof-Buchdruckerei G. m. b. H. Weimar.

MIX
Papier | Fördert gute Waldnutzung
FSC® C083411

Zeitfracht Medien GmbH
Ferdinand-Jühlke-Straße 7
99095 Erfurt, Deutschland
produktsicherheit@kolibri360.de